ANGELA WILKES

Zahlen von 1 bis 20

BECHTERMÜNZ VERLAG

Originalverlag: Dorling Kindersley Limited, London
Originaltitel: MY VERY FIRST NUMBER BOOK

Inhalt

Ein Dorling Kindersley Buch
Genehmigte Lizenzausgabe für
Bechtermünz Verlag im
Weltbild Verlag GmbH, Augsburg 1997

Gesamtherstellung: Druckerei Appl, Wemding
Printed in Germany
ISBN 3-86047-634-3

Liebe Eltern,

mit diesem Buch kann Ihr Kind spielend die Zahlen 1 bis 20 kennen lernen.
Das Buch enthält viele Fotografien von alltäglichen Dingen, die man benennen und zählen kann.
So werden die Zahlen als solche, das Zählen und das Zusammenzählen eingeübt.

Ermuntern Sie Ihr Kind außerdem, die Bilder zu benennen, ähnliche Dinge in seiner Umgebung zu entdecken und etwas darüber zu erzählen.
Neben den Zahlen kann so auch über Formen, Größen und Farben gesprochen werden.

Ihr Kind wird am meisten von dem Buch profitieren, wenn Sie es sich gemeinsam ansehen. Es ist wichtig, dass Sie ihm genug Zeit für die einzelnen Lernschritte lassen. Das Buch ist so konzipiert, dass jeder Schritt oft und in verschiedenen Variationen wiederholt wird, so dass Abwechslung und Spaß gewährleistet sind.

Bis zehn zählen

Kannst du von 1 bis 10 zählen?

1	2	3	4	5
	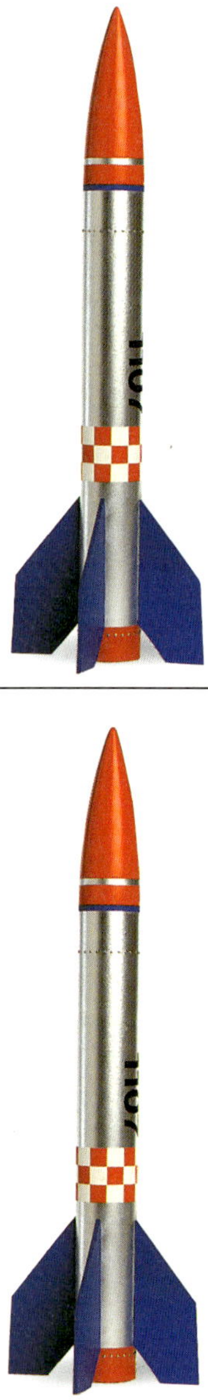		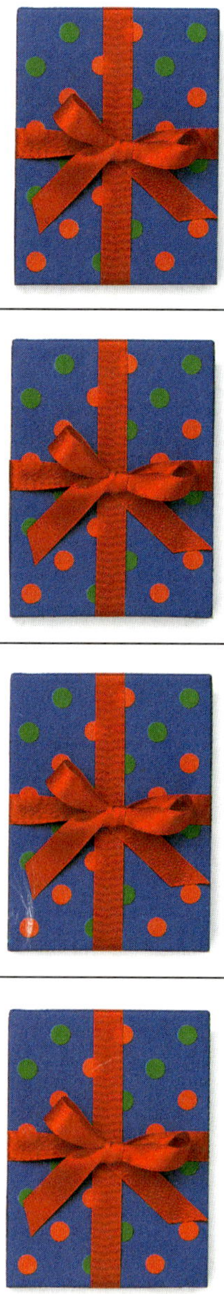	
eine Giraffe	zwei Raketen	drei Schaufeln	vier Geschenke	fünf Kürbisse

6	7	8	9	10
sechs Bälle	sieben Traktoren	acht Becher	neun Fische	zehn Autos

Bis zwanzig zählen

Kannst du von 11 bis 20 zählen?

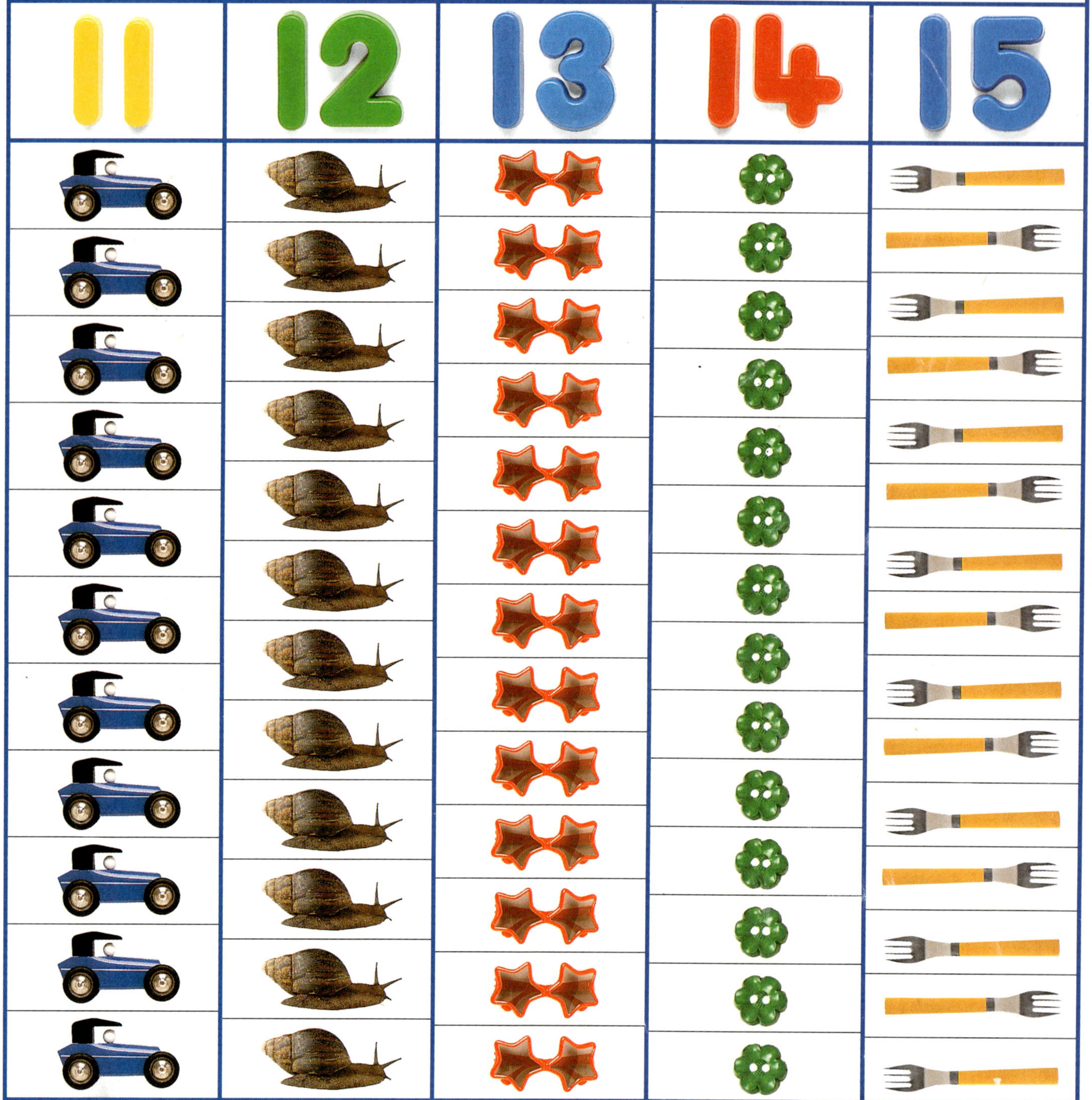

elf Autos	zwölf Schnecken	dreizehn Brillen	vierzehn Knöpfe	fünfzehn Gabeln

16	17	18	19	20
sechzehn Murmeln	siebzehn Anspitzer	achtzehn Schirme	neunzehn Muscheln	zwanzig Buntstifte

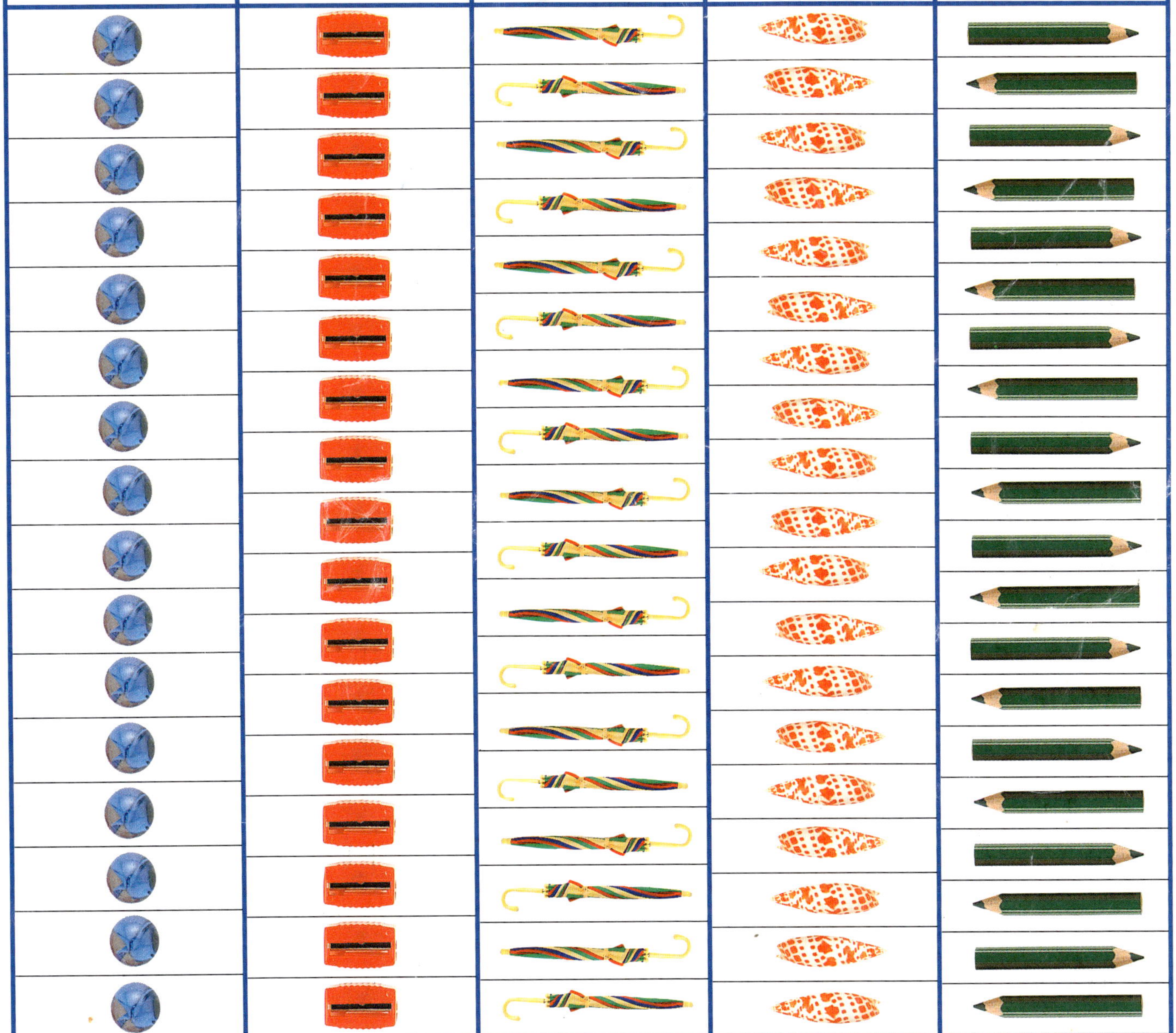

Wie viele?

Schnecken und Frösche

Wie viele Schnecken
kannst du zählen?

Wie viele Frösche
sitzen hier?

Fasching

Wie viele Tröten
kannst du
entdecken?

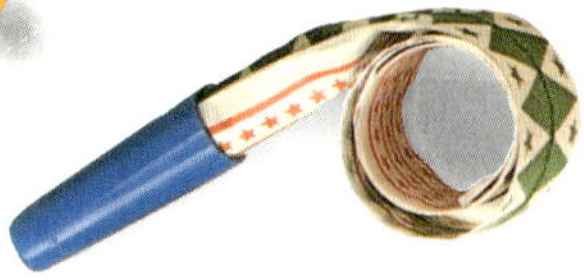

Wie viele Hüte
zählst du?

Farben zählen

Wie viele orangefarbene Fische sind hier zu sehen?

Wie viele blaue Fische schwimmen hier?

Wie viele Fische sind es insgesamt?

Formen zählen

Wie viele Rechtecke zählst du?

Wie viele Kreise sind hier zu sehen?

Genauso viele?

Holzzug

Wie viele Bauklötze sind in
dem Anhänger?
Sind es genauso viele wie oben?

Obstschale

Wie viele Bananen sind
in der Obstschale?
Wie viele liegen
daneben?

Hier ist eine Ananas.
Wie viele sind
insgesamt zu sehen?

Sind hier genauso viele
Erdbeeren zu sehen wie
in der Obstschale?

Kinder

Zähle die Kinder in jeder Gruppe.
Sind in beiden Gruppen gleich viele Kinder?

Erbsen zählen

Wie viele Erbsen sind in der Schote? Wie viele liegen außerhalb?

Welpen

Zähle die Welpen oben und unten.
Sind es gleich viele?

Mehr oder weniger?

Apfelsinen und Zitronen

Zähle die Früchte auf jedem Teller.

Auf welchem Teller
sind mehr Früchte?

Knöpfe

Wie viele Knöpfe
zählst du?

Gibt es mehr runde oder mehr
quadratische Knöpfe?

Schlangen

Gibt es mehr rote
oder mehr grüne
Schlangen?

Im Garten

Kannst du die
Insekten und
Blätter zählen?
Gibt es weniger
Insekten als
Blätter?

Strümpfe und Schuhe

Wie viele Strümpfe zählst du?
Wie viele Paare sind das?
Siehst du mehr Strümpfe
oder mehr Schuhe?

Kaninchenfutter

Jedes Kaninchen soll
eine Mohrrübe
bekommen. Reichen
die Mohrrüben?

Oder bleiben
welche übrig?

Zeige die Zahlen

Zähle die gleichen Tiere. Wie viele sind es?
Zeige oben auf die richtige Zahl.

Garten-Puzzle

Zähle die Gegenstände auf jedem Holzplättchen. Welche Zahl passt zu dem Bild?

Dieses Beispiel hilft dir.

Finde die Zahlen

Kannst du auf all diesen Gegenständen Zahlen entdecken?

Hast du schon mal einen Taschenrechner benutzt?

Kennst du deine Telefonnummer?

Weißt du, welche Uhrzeiten diese Uhren anzeigen?

Was bedeutet die Zahl auf dieser Packung?

Diese Uhr zeigt die Zeit
mit digitalen Zahlen.

Was zeigen die Zahlen im Kalender?

Was zeigt dir
dieses Schild?

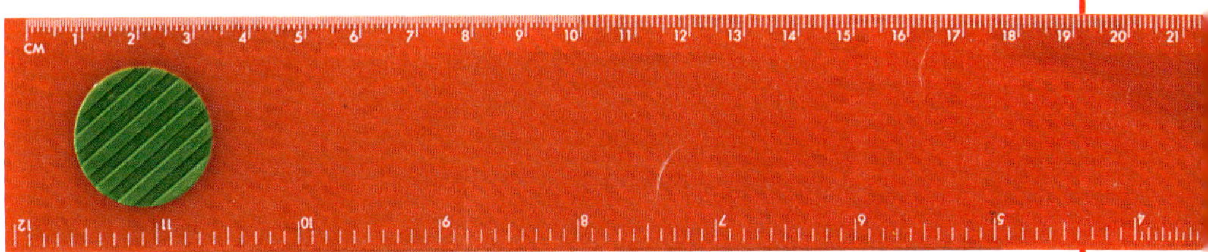

Mit einem Lineal misst man Längen.

Wozu braucht man
einen Messbecher?

Was bedeuten die Zahlen
auf den Aufklebern?

Wie viele sind es?

Man zählt Dinge zusammen, um herauszufinden, wie viele es sind.

2 schöne Schmetterlinge   2 kommen dazu   Wie viele sind es zusammen?

3 lustige Fingerpuppen   1 kommt dazu   Wie viele sind es zusammen?

4 schöne Blüten   2 kommen dazu   Wie viele sind es zusammen?

Mehr Zahlenfragen

Für Zahlenfragen gibt es Zahlen und Symbole.

Dieses Symbol heißt »zähle zusammen«

Dieses Symbol heißt »so viele sind es zusammen«

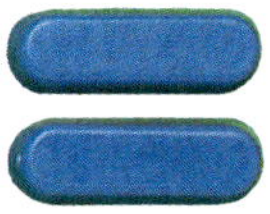

Kannst du diese Zahlenfragen beantworten?